WAS IST WAS

Wissens Rätsel

Natur und Tiere

Herausgegeben von

Matthias Raden

Tessloff Verlag

Teiche und Tümpel

Sobald es im Frühling wärmer wird, beginnt es in Teichen und Seen vor Leben zu wimmeln: Kleinstlebewesen im Wasser vermehren sich, Frösche, Kröten und Molche kommen zur Paarung und Laichablage und zahlreiche Insekten finden sich ein. Das reiche Nahrungsangebot lockt Wasservögel an, die im Schutz des Röhrichts brüten und ihren Nachwuchs aufziehen. Im Sommer ziehen viele Tiere wieder fort: Junge Amphibien und Insekten verlassen ihr Geburtsgewässer. Im Herbst kühlt das Wasser langsam ab. Wenn die Uferpflanzen verwelken, verschwinden auch die Versteckmöglichkeiten vieler Tiere. Zahlreiche Vögel wandern nach Süden, andere Arten reisen als Wintergäste vorbei. Im Winter ziehen sich Fische, einige Insekten und Würmer an die tiefsten Stellen im Teich zurück, wo das Wasser nicht gefriert. Amphibien verschlafen die kalte Zeit an geschützten Stellen an Land.

Labyrinth

Der kleine Frosch möchte von Blatt zu Blatt ans andere Ende des Tümpels hüpfen. Aber nur unbeschädigte und unbewohnte Blätter ohne Seerosen tragen sein Gewicht. Findest du den Weg?

Froschkonzert

Frösche gehören zu den Amphibien. Die erwachsenen Tiere atmen über Lungen und durch ihre feuchte, weiche und von einem schleimigen Film geschützte Haut. Sie verbringen einen Teil ihres Lebens im Wasser und einen Teil an Land und durchlaufen in ihrer Entwicklung eine große Veränderung, eine Metamorphose.

Wenn sich Frösche im Frühling in Teichen und Seen einfinden, ertönen abends laute Quakkonzerte, mit denen die Männchen die Weibchen auf sich aufmerksam machen wollen. Bei der Paarung klammern sich die Männchen am Rücken der Weibchen fest.

Diese legen viele hundert Eier in großen Laichballen ab. Die Embryos wachsen in den Eiern heran. Nach dem Schlüpfen ernähren sich Kaulquappen von winzigen Pflanzenteilen. Allmählich entwickeln sie Schwanz und Hinterbeine. Schließlich bilden sich ihre Kiemen zurück und werden durch Lungen ersetzt. An Land bildet sich ihr Schwanz zurück. Erwachsene Frösche sind Fleischfresser und ernähren sich von Insekten und Kriechtieren.

Metamorphose

Die Bilder der Verwandlung eines Frosches sind durcheinander geraten. Wenn du sie in die richtige Reihenfolge bringst, verraten dir die Buchstaben eine weitere Amphibie.

☐☐☐☐☐

Unter Wasser

Viele Fische haben eine Tarnfärbung: Ihr Rücken ist dunkel, so dass sie von oben gesehen mit dem Grund verschmelzen. Die Unterseite leuchtet oft silbrig wie die glitzernde Wasseroberfläche.
Hier verbergen sich 18 Süßwasserfischarten, die in Teichen, Seen, Bächen und Flüssen bei uns leben.

Silbenrätsel

Waschbär

Kannst du aus den folgenden Silben 30 Tierarten bilden, die in Europa rund um fließende und stehende Gewässer heimisch sind? Ein Tier haben wir dazugemogelt, das nur im Salzwasser lebt. Weißt du, welches?

am A bär bauch bel ben ber
Berg Bi Bi cher cher cke
cken cker der dom Ein Eis en
er Erd Feu fer fer
fer Fisch flie
flie floh Fluss
frosch ge ge gel
gel Gelb Gelb ger
Grau Hau her Hö jung
kä ke Kö Kö krebs krö la läu
Laub le li man mel mer molch
mu nat ne nigs ot rand
rat rei Rin Rohr
rohr Rü sa sam sän
schel Schlamm
schne schwan
schwim See sel
ser ser ser ser
spin stern Stock
tags tau te te
te Teich Teich
ter ter un vo
Was Was Was Was
Wasch zur

Eisvogel

Fischotter

Bäche und Flüsse

Je nach Landschaft und Strömungsgeschwindigkeit verändern sich die Tier- und Pflanzenarten rund um fließende Gewässer. Die Wasseramsel ist besonders gut an schnell sprudelnde Gebirgsbäche angepasst: Sie taucht und läuft sicher über schlüpfrige Steine entgegen der Strömung und sucht am Grund nach Insektenlarven und kleinen Krebsen. Wasserschnecken, Fischlarven und Egel können sich an steinigem Grund festhängen und von den vom Wasser mitgetragenen Pflanzenteilen ernähren.

In ruhigerem Wasser lagert sich am Boden Schlick ab, in dem Wasser- und Uferpflanzen ihre Wurzeln verankern können. Im Schlamm leben viele Kleinlebewesen, die größeren Räubern als Nahrung dienen. Frisch geschlüpfte Insekten, Amphibien und Fische verstecken sich zwischen den Blättern der Pflanzen vor größeren Fischen und Fröschen. Diese wiederum werden von Wasservögeln und Fischottern gejagt.

In den Sand steiler Uferwände bauen Eisvögel und Uferschwalben ihre Niströhren. Schilf- und Röhricht bieten vielen Vögeln, wie dem Haubentaucher oder dem Teichrohrsänger, Nahrung, Unterschlupf und sichere Brutplätze. Die Ausscheidungen der Tiere düngen wiederum das Wasser und sind Nahrung für Kleinstlebewesen.

Biber bauen aus Zweigen und Ästen Dämme und Wohnburgen. Sie stauen manchmal sogar Bäche zu Seen auf. Die farbigen Buchstaben, von oben nach unten gelesen, ergeben eine Leibspeise der Nagetiere.

_ _ _ _ _ _ _ _ _ _

Mosaik

Die Bildausschnitte gehören zu einem Lebewesen, das rückwärts fliegen kann und durch 30 000 Facettenaugen einen Rundumblick hat. Es kann seine Greifzangen zu einem Fangkorb formen und so Futter im Flug erbeuten. Das Tier verbringt bis zu drei Jahre als Larve unter Wasser und ein Jahr in der Luft. Wer ist gemeint?

Pflanzen-Quiz

1. Welche dieser Blumen wird auch Schlangen- oder Drachenwurz genannt?
a) Schwanenblume
b) Sumpfcalla
c) Wasserlinse

2. Welche Moorpflanze ernährt sich von kleinen Insekten, die sie mit klebrigen Tröpfchen fängt?
a) Bleichmoos
b) Wollgras
c) Sonnentau

3. Wie nennt man die Blüten der Weiden?
a) Kätzchen
b) Pfötchen
c) Schühchen

4. „Entengrütze“ bedeckt manchmal einen ganzen Weiher. Wie heißt diese Pflanze auch?
a) Wasserlinse
b) Wasserpest
c) Vergissmeinnicht

5. Welche Pflanze wächst nicht im Uferbreich?
a) Schwertlilie
b) Mohnblume
c) Rohrkolben

6. Wen locken Schwertlilien mit ihren gelben Blüten zum Bestäuben an?
a) Hummeln
b) Eintagsfliegen
c) Uferschwalben

7. Welche Pflanze ist sehr giftig?
a) Froschlöffel
b) Pfeilkraut
c) Sumpfcalla

8. Welche Pflanze wird gern gegessen?
a) Wasserlinse
b) Brunnenkresse
c) Rohrkolben

Alpenmolch

Schwertlilie

9. Welche Blattformen würden in strömenden Gewässern bald zerreißen?
a) große, flache Blätter
b) schmale, lange Blätter
c) fasrige Blätter

10. Wo findet man weiche Torfmoospolster?
a) in Sumpfgebieten
b) an Bäumen
c) in felsigen Gegenden

11. Wer gehört zu den Laubbäumen, obwohl die Früchte kleinen Nadelbaumzapfen ähneln?
a) Ahorn
b) Lärche
c) Erle

12. Welche Baumart gedeiht gut in nasser, feuchter Erde am Ufer?
a) Birke
b) Weide
c) Tanne

Meeresballett

Quallen haben filigrane, weiche Körper. Ihre Fangarme sind jedoch mit Nesselzellen besetzt, deren Gift ihre Beute – Plankton, Kleinkrebse und Fische – tötet. Welche Koordinaten haben die gesuchten Bildausschnitte? Und wo verbergen sich Doppelgänger?

An der Küste

An den Küsten schwankt der Salzgehalt des Bodens stark. Sanddünen wandern mit dem Wind. Küstenpflanzen müssen raue Winde und salzige Gischt vertragen. Sie speichern Regenwasser meist in fleischigen Blättern oder Wurzeln und sind oft kleinwüchsig, um dem Wind möglichst wenig Angriffsfläche zu bieten. Die Salzmiere übersteht sogar Sandverschüttungen und wurzelt auf Dünen.

Die meisten Algen oder Tange sind Meerespflanzen. Sie haben weder Blüten noch Wurzeln oder Blätter, sondern bestehen aus einem Thallus, einem einzigen ledrigen Wedel. Ihre glitschige Oberfläche verhindert, dass sie in den Wellenbewegungen brechen. Haftorgane verankern sie am Grund. Es gibt mikroskopisch kleine Algen wie die Kieselalgen, aber auch Arten mit riesigen Ausmaßen wie Blatt- und Beerentang.

Buchstabensalat

Tess hat mal wieder alle Buchstaben durcheinander jongliert. Kannst du die Namen der Küstenbewohner und Meerespflanzen wieder richtig stellen?

AMKLERE
BELOBERKEG
WUMRATTW
DUSEHEN
ÖWAMCHEL
EPECKOSE
IGESELE
GOLTARE
ERZHSCHMEUL
PFENSCHNACKE
RKNEBBADRAST
SCHALWIWENS

Einsiedlerkrebse haben keine harte Schale und schützen ihren Körper gern mit leeren Schneckenhäusern.

Lebensraum Gezeitentümpel

Gezeitentümpel werden bei Flut mit frischem Meerwasser überspült, bei Ebbe bleibt etwas Wasser zwischen den Küstenfelsen zurück. Alle Lebewesen hier sind gut an die wechselnden Bedingungen angepasst: Das Brackwasser kann bei Ebbe leicht erwärmt werden oder durch Regen seinen Salzgehalt verändern. Winzig kleine Algen bedecken die Felsen und werden von Napf- und Strandschnecken abgeweidet. Seesterne und andere Räuber fressen die Schnecken und Muscheln. Bleibt auch bei Ebbe ausreichend Wasser zurück, können Tange in einem Gezeitentümpel wachsen. Wenn das Wasser abläuft, bieten die Algen mit ihrer feuchten, schleimigen Schutzschicht den Wassertieren Zuflucht. Krabben und Garnelen ernähren sich von angeschwemmtem Aas. Miesmuscheln und Seeanemonen filtern Nahrungsteilchen aus dem Wasser. Bei Ebbe suchen Möwen und Watvögel hier nach Futter. Kleine Küstenfische wie die Meeresgrundeln müssen sich daher gut in Felsspalten verstecken.

Tümpel-Rätsel

Findest du die hier abgebildeten Tiere jeweils im Wasser und an Land? Wie viele Napfschnecken entdeckst du? Diese Tiere saugen sich mit ihrem kräftigen Fuß so sehr an Felsen fest, dass sie auch kräftige Wellen nicht losreißen können.

SUCHSEL

Hummel

Maikäfer

In diesem Buchstabenfeld sind elf Insekten- und Spinnenarten sowie zehn Wiesenblumenarten versteckt (ä=ae, usw.). Findest du sie alle?

Kreuzspinne

K	F	D	I	S	T	E	L	F	A	L	T	E	R	K	F	D	U	G	P	T
O	D	U	S	C	H	A	F	G	A	R	B	E	U	R	S	K	S	L	U	A
R	A	S	F	G	S	K	H	U	M	M	E	L	S	E	S	A	L	O	S	G
N	A	A	F	B	I	E	N	E	U	J	A	G	K	U	A	M	A	C	P	P
B	M	U	Z	U	M	K	F	T	O	K	U	R	T	Z	G	I	D	K	U	F
L	O	E	W	E	N	Z	A	H	N	E	G	I	E	S	H	L	M	E	K	A
U	R	R	B	G	K	A	W	R	Z	X	D	L	R	P	H	L	I	N	R	U
M	A	A	E	H	A	W	E	S	P	E	O	L	A	I	B	E	R	B	A	E
E	M	M	O	H	N	G	K	P	U	M	E	E	M	N	L	N	A	L	S	N
B	T	P	P	M	A	R	G	E	R	I	T	E	P	N	P	P	L	U	P	A
F	S	F	A	M	F	M	A	R	I	E	N	K	A	E	F	E	R	M	F	U
W	I	E	S	E	N	S	C	H	A	U	M	K	R	A	U	T	T	E	Z	G
R	B	R	S	S	C	H	W	A	L	B	E	N	S	C	H	W	A	N	Z	E
G	R	A	S	H	U	E	P	F	E	R	R	R	O	T	K	L	E	E	R	R

Wespe

Tagpfauen-auge

Felder und Wiesen

Marienkäfer

Felder und Wiesen beherbergen viele verschiedene Gräser und Wildblumenarten. Darin leben zahlreiche Insekten, die sich von Pflanzen oder anderen Krabbeltieren ernähren: Grashüpfer, Bienen, Grillen oder Läuse, Marienkäfer, Schaumzikaden und Ameisen. Auf sie machen kleine Raubtiere und Vögel Jagd, wie Mäuse, Igel, Rebhühner, Feldlerchen oder Fasane. Feldhamster graben sich in weichem Boden tiefe, weit verzweigte Baue und sammeln Grassamen für ihre Vorratskammern.

Schwalbenschwanz

Hier kann man auch das Wechselspiel zwischen Insekten und Pflanzen gut beobachten. Schmetterlinge sind für ihre Fortpflanzung oft auf ganz bestimmte Futterpflanzen angewiesen: Tagpfauenaugen brauchen zum Beispiel Brennnesseln als Nahrung. Die Weibchen legen ihre Eier auf den Unterseiten der Blätter ab. Wenn die jungen Raupen schlüpfen, beginnen sie sogleich zu fressen und zu wachsen, bis sie groß genug für ihre Verpuppung und schließlich für die Verwandlung in einen Schmetterling sind. Umgekehrt sind viele Blütenpflanzen von Schmetterlingen, Bienen und anderen Insekten bei der Bestäubung und Verbreitung ihrer Pollen und Samen abhängig.

Biene

Wie viele Rotkleeblüten muss eine Biene für 500 Gramm Honig anfliegen – eine Million, fünf Millionen oder zehn Millionen Blüten?

Grashüpfer

Wilde Blumen

Blütenpflanzen bieten Vögeln, Insekten und anderen Tieren Nahrung und Schutz und bewahren mit ihrem Wurzelwerk den Boden vor Erosion. Wir erfreuen uns an ihrer Schönheit und nutzen sie als Heilkräuter, Wildgemüse, Tee- und Gewürzpflanzen.

Der Bau einer Blume ist trotz der vielfältigen Erscheinungsformen dieser Pflanzen sehr ähnlich: Die Wurzeln nehmen aus dem Boden Wasser und Mineralstoffe auf und verteilen sie über das Leitungssystem überall hin. Der Stängel trägt Blüten und Blätter zum Sonnenlicht in die Höhe. In den Blättern produzieren Pflanzen tagsüber aus Sonnenlicht mithilfe von Chlorophyll Stärke, die zum Teil in den Wurzeln als Vorrat eingelagert wird. Als „Abfallprodukt“ entsteht dabei Sauerstoff.

Die Bestandteile der Blüten entwickelten sich aus Blättern, die besondere Aufgaben übernommen haben: Kelchblätter schützen die zarten, bunten Kronblätter. Als Kernstück enthalten Blüten Staub- und Fruchtblätter für die Fortpflanzung.

RÄTSEL

Bei der Beschriftung der Teile des Weidenröschens wurden in jedem Wort zwei Buchstaben vertauscht. Kannst du sie wieder richtig stellen?

BLÜTENSTAUB

Unter dem Mikroskop sieht man, dass die Pollenkörner von Wiesenschaumkraut, Löwenzahn, Weißklee und vielen anderen Pflanzen eine charakteristische Form haben. Wie viele verschiedene Pollenarten findest du hier?

Unter der Lupe kann man den feinen Bau von Staubbeuteln und Narbe erkennen.

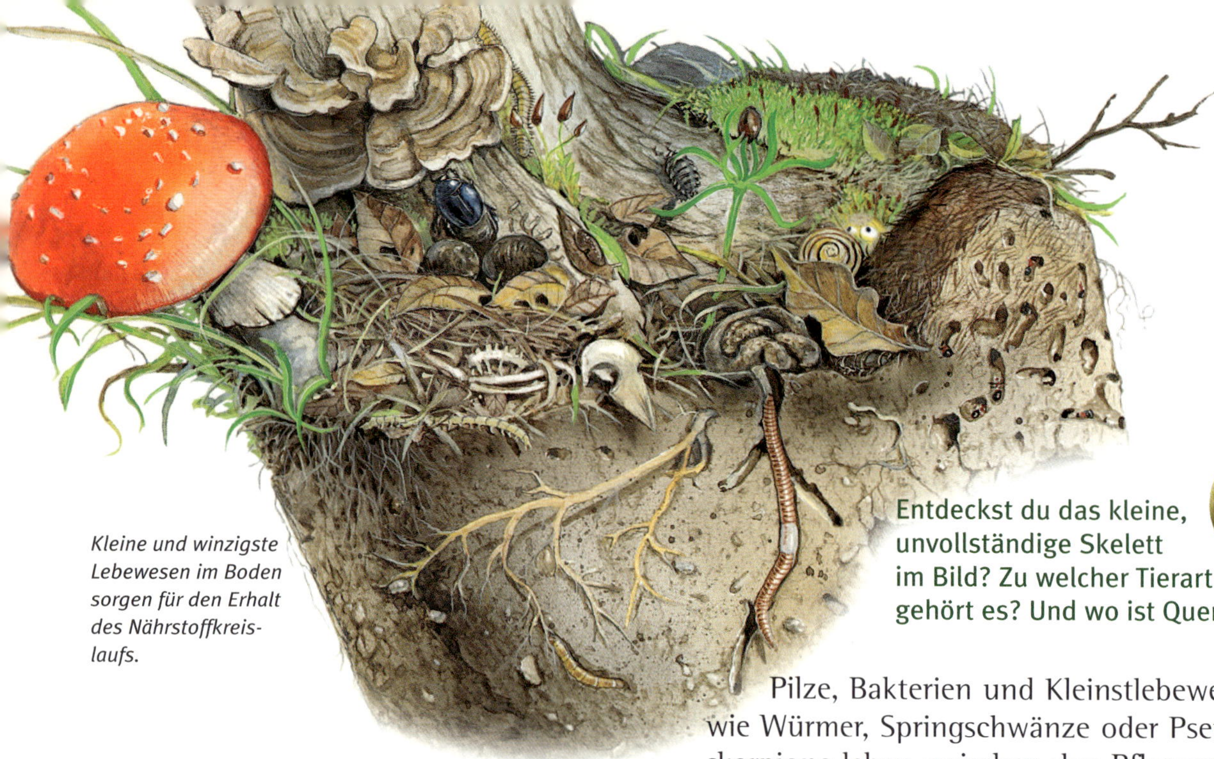

Kleine und winzigste Lebewesen im Boden sorgen für den Erhalt des Nährstoffkreislaufs.

Entdeckst du das kleine, unvollständige Skelett im Bild? Zu welcher Tierart gehört es? Und wo ist Quentin?

Leben am und im Boden

Fruchtbarer Boden ist eines der wichtigsten Güter auf unserer Erde. Ohne ihn gäbe es keine Pflanzen und damit auch keine weiteren Lebewesen. In der lockeren Laubschicht und im weichen Humusboden sorgen Millionen von Lebewesen dafür, dass der natürliche Kreislauf erhalten bleibt.

Pilze, Bakterien und Kleinstlebewesen wie Würmer, Springschwänze oder Pseudoskorpione leben zwischen den Pflanzenwurzeln und lockern den Boden auf. Durch ihre Grabungen werden die Bodenschichten durchmischt. Regenwasser und Luft gelangen durch die Gänge in tiefere Schichten. Die großen und kleinen Verwerter fressen absterbende Pflanzen oder Aas und verarbeiten Tierkot. Der Humus wiederum enthält viele Mineral- und Nährstoffe und ernährt neue Pflanzen und Tiere.

8·9·18·19·3·8·11·1·5·6·5·18

13·1·9·11·1·5·6·5·18

23·1·12·4·19·3·8·1·2·5

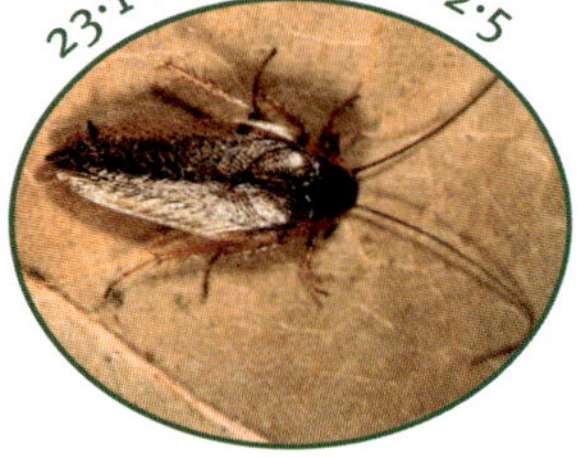

11·5·12·12·5·18·1·19·19·5·12·14

GEHEIM! Jede Zahl entspricht einem Buchstaben im Alphabet: 1 steht für A und 26 für Z. Entschlüssle den Zahlencode und du erfährst die Namen der hier abgebildeten Lebewesen, die am Boden und in der Laubschicht leben oder aufwachsen (ä=ae).

18·15·20·5 23·1·12·4·1·13·5·9·19·5

6·5·12·4·7·18·9·12·12·5

6·12·15·18·6·12·9·5·7·5

19·20·18·5·9·6·5·14·23·1·14·26·5

Schlangen

Schlangen gehören zu den Reptilien. Sie besitzen ein Knochenskelett und haben eine trockene, schuppige Haut. Diese wechselwarmen Kriechtiere wärmen sich gern in der Sonne auf. Schlangen riechen mit der Zunge und haben einen gut ausgeprägten Tast- und Geruchssinn.

Die scheue Ringelnatter kann man manchmal durch Wasser schlängeln sehen, sie schwimmt sehr gut und jagt an Ufern und im Wasser. Kreuzottern sind giftig, doch Menschen greifen sie nie an. Den Winter verbringen Schlangen mehrerer Arten manchmal gemeinsam in einer Erdhöhle. Blindschleichen gehören nicht zu den Schlangen: Sie sind beinlose Echsen.

Logik-Rätsel

Eine Schnecke klettert einen zehn Meter hohen Baum hoch. Sie schafft jeden Tag vier Meter, nachts gleitet sie jedoch wieder zwei Meter zurück. Wann hat sie die leckeren Blätter an der Spitze des Baumes erreicht?

Ringelnatter

Labyrinth

Maulwürfe haben perfekt für die Tunnelarbeit geformte Körper mit kräftigen Grabepfoten, weichem und kurzem Fell und verschließbaren Ohren. Ihre unterirdischen Gänge können mehrere hundert Meter lang sein.
Der Maulwurf möchte in seine Bruthöhle zu den Jungen. Hilf ihm, den Weg zu finden und dabei alle Würmer und Käfer einzusammeln!

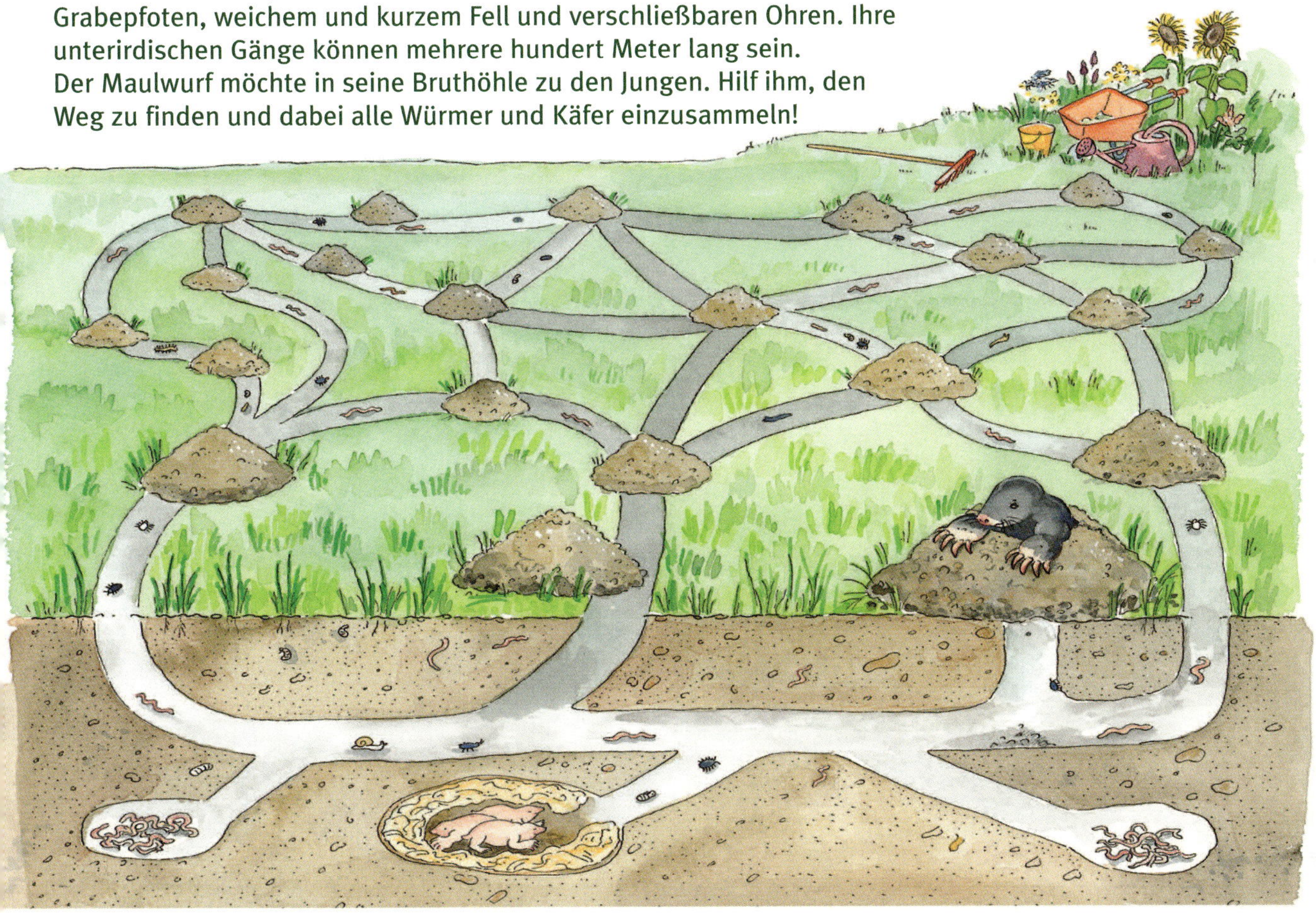

In Hecken und Büschen

Haselmaus

Sträucher sind für viele Tierarten wichtig: Kleine Vögel wie Braunelle, Zaunkönig oder Goldammer brüten im Schutz des undurchdringlichen Geästs, da ihnen hier keine Gefahr vor Raubvögeln droht. Die Blüten ziehen zahlreiche Insekten an, die Pollen und Nektar sammeln und dabei die Blüten bestäuben.

Im Herbst fressen Vögel, Mäuse, Kaninchen, Marder und Hasen gern die Früchte von Weißdorn, Holunder, Wildrosen oder Schlehe. Manchmal bauen Füchse, Hasen oder Kaninchen ihre Erdbaue im Schutz einer dornenbewehrten Hecke. Auch Igel kommen hier oft bei ihrer nächtlichen Futtersuche vorbei, denn im Laub verbergen sich Schnecken, Insekten und Würmer.

○ Wahr oder ○ gemogelt?

Zwischen den Stacheln der Igel sitzen oft viele Milben, Flöhe und andere schmarotzende Insekten. Da sie sich nicht zwischen den Stacheln putzen können, haben Igel einen Trick entwickelt, um diese Plagegeister loszuwerden: Sie gehen tauchen. In den Hohlräumen der Hornstacheln ist viel Luft gespeichert, so dass die Vierbeiner mehrere Minuten unter Wasser bleiben können. Wenn alle Insekten herausgespült sind, tauchen sie wieder auf.

○ Wahr oder ○ gemogelt?

Singdrosseln haben eine besondere Methode, um Schnecken aus ihren Häusern zu bekommen. Ihre Schnäbel sind nicht hart genug, um die Schalen der Kriechtiere zu durchbrechen. Daher schlagen sie die Kalkhülle so lange gegen einen Stein, bis diese zerbricht und sie an ihr Futter gelangen. Manchmal findet man unter Hecken ganze Häufchen aus zerbrochenen Schneckenhäusern. Diese Stellen werden auch „Drosselschmieden" genannt.

Kreuzworträtsel

Trage die Bezeichnungen der Bildteile ein. Die Buchstaben in den nummerierten Kästchen verraten dir den lateinischen Namen dieser Wildrose (ä=ae, ü=ue).

Ratekrimi

Theo, Tess und Quentin und Der Fall mit der Orchidee

Fichten-zapfen

Theo, Tess und ich gingen zusammen mit einer Besuchergruppe und Förster Lang zu einer Erkundungstour in den Wald. Kurz vorher hatte es geregnet und nicht alle aus unserer Gruppe hatten an gutes Schuhwerk gedacht. Frau Wollner ging den ganzen Weg vorsichtig auf ihren Stöckelschuhen, doch sie hielt gut mit. Frau Bertram musste allerdings immer wieder ihre Sandalen ausschütteln und bildete das Schlusslicht.

Herr Lang führte uns kreuz und quer durch das Unterholz und zeigte uns, wie viel Wasser in den weichen Moospolstern gespeichert war und wie man auch ohne Sonne am Flechtenbewuchs der Bäume die Himmelsrichtung erkennen kann. Wir gingen durch Farnwälder und fanden Baumpilze. Die meisten Waldorchideen konnte man nur bei genauem Hinsehen entdecken, doch Herr Lang kannte alle versteckten Plätze und zeigte sie uns. Frau Graf und ihre beiden Patenkinder hopsten mit ihren Gummistiefeln fröhlich von Pfütze zu Pfütze und hatten eine Menge Spaß. Als sich Herr Kohl auf einer Lichtung hinkniete, um seine locker gewordenen Schnürsenkel zu binden, entdeckte er eine Schachblume und rief uns alle zu sich. Ich hatte vorher noch nie eine karierte Blüte gesehen! Ein Stückchen weiter entdeckten wir in einem Bach Brunnenkresse. Unser Förster bestätigte, dass man sie essen kann und die junge Frau Mattis zog sich schnell ihre Turnschuhe aus und watete hinein, um für uns alle eine Kostprobe zu holen.

Auf dem Rückweg kamen wir an der Stelle vorbei, an der uns Herr Lang auf einer Lichtung einen seltenen Frauenschuh gezeigt hatte. „Oh nein!", rief Tess, die uns wieder einmal weit voraus war. „Jemand hat die geschützte Pflanze abgerissen!" Wir untersuchten den Platz. In einem weiten Umkreis sah man unsere Fußspuren, doch nur ein Abdruck befand sich direkt neben den Blüten. Herr Lang betrachtete ihn und wandte sich streng an ein Mitglied unserer Gruppe: „Sie müssen mit einer hohen Geldstrafe rechnen!"

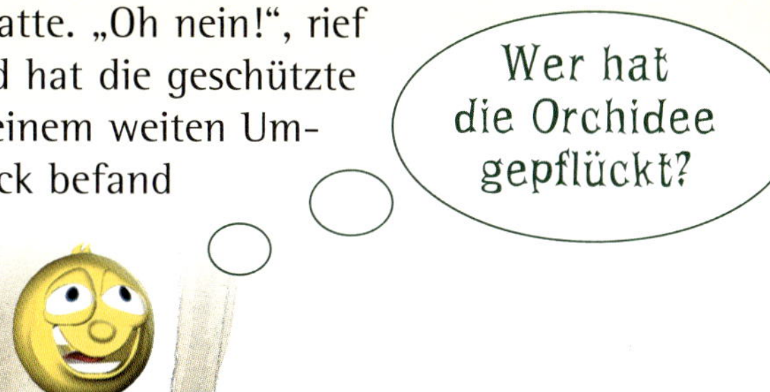

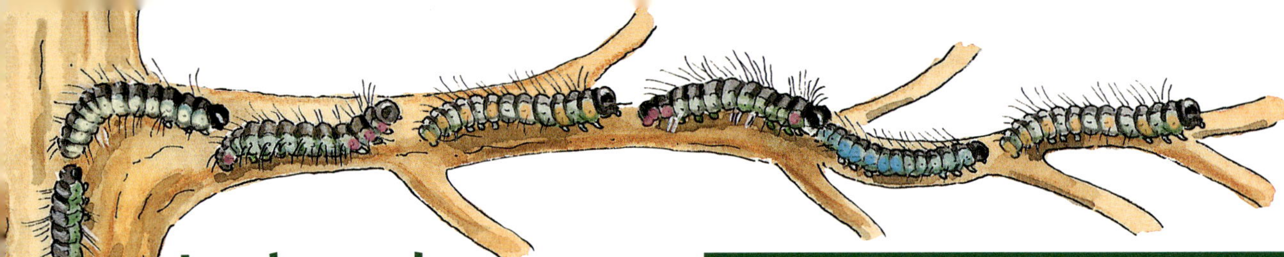

Laub- und Nadelbäume

Der Aufbau von Nadel- und Laubbäumen ist gleich. Die Wurzeln verankern einen Baum fest im Boden. Die feinen Wurzelhärchen nehmen Mineralien und Wasser auf und leiten sie über den Stamm nach oben. Die holzigen Stämme bestehen aus mehreren Schichten mit verschiedenen Aufgaben: Die Rinde schützt einen Baum vor dem Austrocknen, vor Insektenfraß und Pilzbefall. Jahr für Jahr wachsen neue Schichten um das Kernholz, wodurch die Stämme mächtiger und höher werden. Die Nährstoffe fließen durch die holzigen Leitungen in alle Teile des Baumes. In den Blättern entsteht aus Sonnenlicht, Wasser und Kohlendioxid Nahrung für den Baum, als Nebenprodukt bildet sich dabei unsere Atemluft.

Laubbäume legen in kalten Gebieten eine Wachstumspause im Winter ein, wenn das Wasser im eisigen Boden knapp wird. In heißen Ländern werfen sie ihre Blätter in der trockenen Sommerzeit ab. Nadelbäume verlieren und erneuern ihr stacheliges Laub das ganze Jahr über. Tannen, Kiefern und Lärchen können Kälte und Trockenheit gut aushalten, sie wachsen daher auch in felsigen und trockenen Gegenden. Die Zapfen von Nadelbäumen sind gute Wetteranzeiger: bei hoher Luftfeuchtigkeit schließen sich die Schuppen, bei Sonnenschein und Wärme öffnen sie sich.

Doppelgänger

Die Raupen von Prozessionsspinnern wandern täglich im Gänsemarsch zu ihrem Futterplatz: Sie fressen gern saftige Nadeln oder Blätter in der Baumkrone. Welche beiden Raupen sind Zwillinge?

Blätterwald

Im Winter werfen Laubbäume ihre Blätter ab, da sie während der kalten Zeit nicht genug Wasser aus dem Boden aufnehmen können. Bevor sie ihre Pracht verlieren, entziehen sie den Blättern jedoch alle wichtigen Nährstoffe, um sie zu speichern. Die Blätter färben sich gelb und rot und verwelken schließlich. Wie viele Linden-, Ahorn-, Buchen- und Eichenblätter zählst du hier?

Singdrossel

Löwenzahn

Kletten

Bläuling

Pflanzen haben viele Methoden entwickelt, um ihre Pollen und Samen zu verbreiten: über den Magen von Vögeln, per Wind, im Fell von Säugetieren oder am Körper von Insekten.

Pollen und Samen

Um ihre Blütenpollen für die Befruchtung und später ihre Samen zu verbreiten, bedienen sich Pflanzen vieler Wege: Birken, Löwenzahn und Gräser nutzen den Wind als Verteiler. Ihre Pollen und Samen sind leicht und so gebaut, dass sie weit schweben können. Blüten verlocken Insekten mit ihrem Nektar zur Landung. Dabei werden die Krabbeltiere bestäubt und tragen die Pollen zur nächsten Blume. Kletten haben Samen mit kleinen Widerhaken, die an unserer Kleidung oder am Fell vorbeilaufender Tiere haften bleiben und so davongetragen werden.

Manche Pflanzen locken Tiere mit leckeren Beeren an. Ihre Samen sind gegen Verdauungssäfte geschützt und treiben erst aus, nachdem sie ausgeschieden wurden. Eichhörnchen und Eichelhäher vergraben Nüsse und andere Samen als Vorrat für den Winter, finden jedoch nicht alle Verstecke wieder und pflanzen auf diese Weise neue Bäume. Uferpflanzen lassen ihre Samen ins Wasser fallen und forttreiben. Manche, wie die Walderdbeeren, bilden seitliche Sprosse, aus denen neue Pflanzen wachsen.

ABC-Gitter

B	F	G	Z	D
H	W	Q	V	A
T	X	L	Y	I
K	M	U	J	C

Das Gitter enthält alle Buchstaben des Alphabets – bis auf sechs. Wenn du die fehlenden Buchstaben richtig anordnest, verraten sie dir, wodurch sich Farne vermehren.

Buchstabensalat

Tess hat die Buchstaben der Samen durcheinander gewirbelt. Kannst du die Früchte- und Pflanzennamen wieder vervollständigen? Welche dieser Pflanzen enthalten Stoffe, die für Menschen giftig sind?

Im Mondschein

Unsere Zeichnerin hat ein paar Tiere in das Bild gemogelt, die nicht hinein gehören. Findest du drei nachtaktive Tiere, die eigentlich nicht in Deutschland heimisch sind? Welche drei sind tagaktiv und sollten eigentlich schon schlafen? Entdeckst du die gut getarnte Nacktschnecke? Und wo verbirgt sich Quentin?

Tiere in der Nacht

In der Dämmerung begeben sich viele Tiere zur Ruhe, andere werden erst jetzt wach: Nachts kann man Eulen rufen, Igel schmatzen und Mäuse rascheln hören. Manche nachtaktiven Tiere haben große Augen, die jeden Lichtschimmer nutzen können. Andere orientieren sich mithilfe ihres ausgeprägten Geruchssinns in der Dunkelheit. Nachtblühende Pflanzen duften oft stark, um Bestäuber anzulocken. Ihre Blüten sind so geformt, dass Nachtfalter besonders gut an ihren Nektar gelangen.

Im Wald

Die Laubdecke schützt in Laub- und Mischwäldern vor extremen Temperaturen und Niederschlägen. Die Lebensräume im Wald verteilen sich auf mehrere Stockwerke, von den Wurzeln der Bäume über das Unterholz bis hin zu den Baumkronen. Die Menge des verfügbaren Sonnenlichts spielt eine wichtige Rolle für die Lebewesen jeder Etage. Je dichter die Bäume stehen, desto schwerer haben es Bodenpflanzen, ausreichend Licht zu bekommen. Daher blühen viele Waldblumen wie Buschwindröschen, Schlüsselblumen oder Veilchen im Frühling, so lange das Laubdach der Bäume noch nicht geschlossen ist. Waldmeister, Maiglöckchen und Schattenpflanzen wie Farne und Moose gedeihen auch im Dämmerlicht.

Im Frühjahr und Sommer herrscht reges Leben in den Wäldern. Im Herbst und Winter wird die Nahrung knapp, Samen, Früchte und Pilze verschwinden. Viele Tiere legen Futtervorräte an oder halten in ihren Bauen Winterschlaf.

Geheim!

Start
borkenkäfereichhörnchen
buntspechteichenwickler
waldkauzmurmeltier
schwammspinnermäuse
bussardbaummarderhirschkäfer
siebenschläferabendsegler
hermelinfichtenkreuzschnabel
fledermausnachtigallwaldameiseigelzilpzalpblindschleiche
wildschweinhaselmaus
eichelhäherrehsperber
waldspitzmauskleibernonne
waldohreulerothirsch
wühlmausdachshohltaube
weidenmeisefuchs
rotkehlchengallwespe

Bäume bieten vielen Arten Lebensraum, Nahrung und Jagdrevier. Folge den Pfeilen und mache an den richtigen Stellen eine Pause, dann erhältst du 36 Baum- und Waldbewohner. Welches Gebirgstier haben wir dazugemogelt?

Wimmelbild

In einem Ameisenhaufen leben ungefähr 800 000 Tiere! Findest du drei Rote Waldameisen, die zu Forschungszwecken mit einem weißen Punkt markiert wurden?

Bilder-Quiz

Die Texte neben den Fotoausschnitten geben dir Hinweise darauf, welches Waldtier sich hier verbirgt, sie können dich aber auch in die Irre führen. Erkennst du sie alle?

1. Er mag Honig besonders gern und ist mit seinem rauen Fell bestens vor Bienenstichen geschützt. In seinen Erdbauen leben große Familien zusammen.

2. Die Jungen dieser Tierart müssen das Nüsseknacken erst lernen und brauchen anfangs lange Zeit dafür. Erwachsene öffnen bis zu 150 Kiefernzapfen pro Tag.

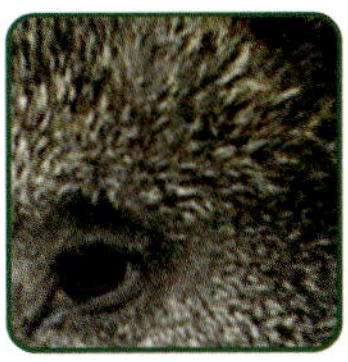

3. Im Sommer bilden mehrere Bachen mit ihren Frischlingen Rotten. Sie wühlen mit ihrer rüsselartigen Schnauze in der Erde nach Futter.

4. Manchmal sieht man sie in der Dämmerung auf Feldern und saftigen Wiesen äsen. Bei der Flucht leuchtet der helle Fellfleck unter dem Schwanzstummel.

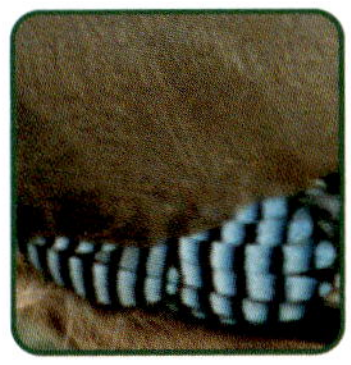

5. Um sich von lästigen Parasiten zu befreien, nimmt er gern ein Bad in einem Ameisenhaufen. Er sammelt und vergräbt sein Futter, besonders Eicheln, im Boden.

6. In der Brunftzeit im Herbst kann man sein Röhren weit durch den Wald schallen hören. Das Geweih fällt jedes Jahr ab und erneuert sich wieder.

7. Der schlanke Räuber geht nachts auf die Jagd. Besonders gern hat er Eier. Aus Neugierde nagt er aber schon einmal Autokabel an.

8. Die Welpen kommen in einem unterirdischen „Kessel" zur Welt. Ihre blauen Augen werden später bernsteinfarben und der graue Pelz färbt sich rot.

Wer ist wer?

Die Marone steht neben dem leuchtend gelben Pfifferling. Die beiden giftigen Pilze, Fliegen- und Knollenblätterpilz, sind weit voneinander entfernt. Ganz außen wächst ein hellgrüner Lamellenpilz. Der kugelige Bovist hat nur einen weiß gefleckten, giftigen Nachbarn. Der Steinpilz steht nicht neben dem gelben Lamellenpilz. Der Stiel des Birkenpilzes ähnelt seinem Namensgeber. Der rote Speitäubling hat zwei Pilze mit Röhrenschwamm als Nachbarn. Kannst du die Namen richtig zuordnen?

Blühende Wiese in den Alpen

Gebirge

Gebirge bieten auf engem Raum eine große Bandbreite an verschiedenen Lebensräumen für Tiere und Pflanzen. So wandelt sich die Landschaft von dichten Laubwäldern am Fuß des Berges über karge Nadelwälder bis hin zu kahlen Felsen, deren Gipfel immer mit Schnee und Eis bedeckt bleiben. Die Höhe der Baumgrenze ist dabei von der Lage des Berges und den herrschenden Wetterverhältnissen abhängig. Der Sommer ist nur sehr kurz im Gebirge, deshalb steigen viele Tiere im Winter in die Täler hinab oder verbringen ihn in geschützten Bauen.

Blumen und Gräser haben im Hochgebirge nur wenig Zeit zu blühen und sich zu vermehren. In nur zwei bis drei Monaten bilden sich bunte Teppiche aus Arnika, Alpenrose, Enzian und Gemswurz, die sich an die stark schwankenden Temperaturen im Gebirge angepasst haben.

Quiz

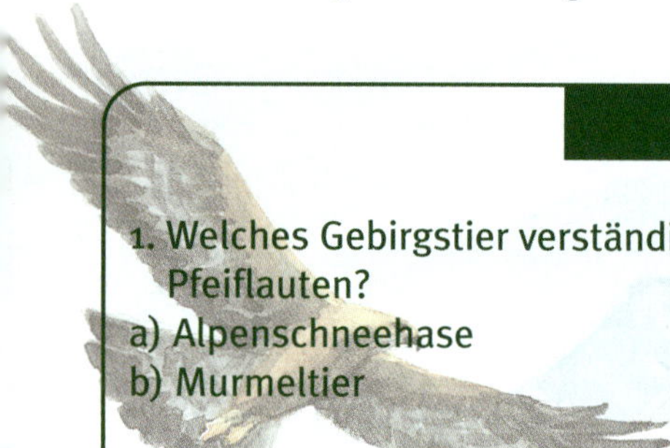

1. Welches Gebirgstier verständigt sich mit Pfeiflauten?
   a) Alpenschneehase
   b) Murmeltier

2. Wer frisst Steinchen, die beim Zermahlen der Nahrung im Magen und beim Verdauen helfen?
   a) Auerhuhn
   b) Kolkrabe

3. Die Symbiose (Gemeinschaft) aus Pilz und Alge, die in extremen Lebensräumen wie Hochgebirgen überleben kann, heißt ...
   a) Flechte
   b) Farn

4. Wie nennt man einen jungen Steinbock?
   a) Kalb
   b) Kitz

5. Wer klettert ausgezeichnet?
   a) Gämse
   b) Schneehuhn

6. Welcher Vogel lebt in Bäumen, baut sein Nest jedoch am Boden?
   a) Felsenschwalbe
   b) Auerhuhn

7. Welcher Gebirgsbewohner hat besonders scharfe Augen?
   a) Steinadler
   b) Alpensalamander

8. Welche Alpenpflanze ergänzt die kargen Nährstoffe aus dem steinigen Boden, indem sie Insekten fängt?
   a) Alpenfettkraut
   b) Türkenbundlilie

9. Womit nimmt eine Eidechse Gerüche wahr?
   a) mit dem Schwanz
   b) mit der Zunge

10. Welche Gebirgsblume ist für ihre Heilkräfte bekannt?
    a) Arnika
    b) Edelweiß

Bärtige Glockenblume

Rückzugsorte

In abgelegenen Gegenden der Gebirge, in Schutzgebieten und Nationalparks gibt es auch selten gewordene Raubtiere wie Bären und Luchse. Luchse sind von ihren wichtigsten Beutetieren, den Hasen, abhängig. Nur bei ausreichend Beutetieren können sich die pinselohrigen Kleinkatzen vermehren. Wölfe leben im Gegensatz zu diesen Einzelgängern in Rudeln, deren Größe schwanken kann. Ihr Sozialverhalten ähnelt dem der Menschen, sie sind sehr familienbewusst. Bären schwimmen gern und fangen Fische in Flüssen. Diese Allesfresser ernähren sich jedoch hauptsächlich von pflanzlicher Nahrung. Im Winter ziehen sie sich in Höhlen zurück. Hier finden auch Fledermäuse, Grottenolme und einige Insektenarten Unterschlupf.

In Deutschland leben Luchse nur noch in wenigen Schutzgebieten.

○ Wahr oder ○ gemogelt?

Weil der Grottenolm sein ganzes Leben in unterirdischen Flüssen und wassergefüllten Höhlen im Dunkeln verbringt, hat er keine Augen. Früher dachten die Menschen, die kleinen Albinos seien frisch geschlüpfte Drachenkinder.

Scherzfrage

Du betrittst eine Höhle und hast nur noch ein Streichholz in der Schachtel. In der Höhle befinden sich ein Holzstoß, eine Laterne und eine Fackel. Was zündest du zuerst an?

Punkt-Rätsel

Fledermäuse senden hohe Schallsignale aus, um sich im Dunkeln zu orientieren. Verbinde die Punkte von 1 bis 104 und du siehst, wo das Tier jagt!

Von links: Feldlerche, Schleiereule, Silbermöwe, Wiedehopf

Luftakrobaten

Vögel haben sich an viele unterschiedliche Lebensräume angepasst: Man findet sie an Gewässern und Meeresküsten, in kargen Gegenden und zerklüfteten Gebirgen, in Wäldern, auf Wiesen und im Buschland. Viele wurden im Lauf der Zeit zu Kulturfolgern, das heißt, sie haben sich an den Menschen angepasst und nutzen dessen Bauten und Umgebung.

Mit ihren meist vierzehigen Füßen können sie im Boden scharren, klettern, sich sicher auf dünnen Ästen und Stromkabeln festklammern, durch Schlick waten oder durch Flachwasser schreiten oder mit Schwimmfüßen paddeln. Ihr Federkleid ist ebenfalls an den jeweiligen Lebensraum angepasst: Je nachdem, ob sie sich vor allem in der Luft, am Boden oder im Wasser aufhalten, sind sie besonders tragfähig, eignen sich zum Gleit- oder Schlagflug, sind wasserabweisend oder besitzen eine Tarnfärbung. Warme Daunenfedern schützen vor Kälte, ebenso wie das Aufplustern, wodurch ein warmes Luftpolster unter den Federn entsteht. Bei einigen Arten sind die Männchen auffälliger gefärbt als die Weibchen für die Brautwerbung.

Der Schnabel von Vögeln besteht ebenso wie die Federn aus Horn und verrät, welche Nahrung die Tiere bevorzugen: ein langer, dünner Schnabel eignet sich gut für Beeren oder kleine Insekten. Mit kurzen, kräftigen Schnabelwerkzeugen können Vögel auch harte Samen knacken. Die gebogenen Schnäbel von Raubvögeln dienen dazu, Fleisch zu zerkleinern.

○ Wahr oder ○ gemogelt?

Manche Vogelarten wie die Amseln haben eine kluge Taktik entwickelt, um Regenwürmer aus ihren unterirdischen Wohnröhren zu locken: Sie trampeln auf dem Boden herum und gaukeln den Würmern durch die kleinen Erschütterungen vor, dass es regnet. Um nicht in ihren Gängen zu ertrinken, kommen die Regenwürmer hervor – und landen im Schnabel der schlauen Jäger.

Wenn du die im Text markierten Buchstaben von oben nach unten liest, erfährst du, welche Vogelart außer dem Turmfalken im Flug auf der Stelle flattern, also „rütteln", kann.

Und noch eine kleine Knobelei: Je mehr man hiervon isst, desto mehr bleibt davon übrig. Was ist das?

Kreuzworträtsel

Wie gut kennst du die heimischen Flattermänner (ä = ae, ö = oe)?

2. Vogeljunges
3. legt sein Ei in ein fremdes Nest
5. Anzahl der Vogelzehen
9. Spatz
10. ihr Gesang erklingt oft in Feldern
11. Vogellaut
12. nächtlicher Jäger
16. baut Nester aus Lehm
17. Federkleid
18. weiche, wärmende Federn
19. Material des Schnabels
20. Speiballen der Eulen
23. der Legende nach bringt er Babys
24. Federwechsel
25. Vogeljunge zeigen ihren roten Schlund, um Futter zu erbetteln
26. Flügel

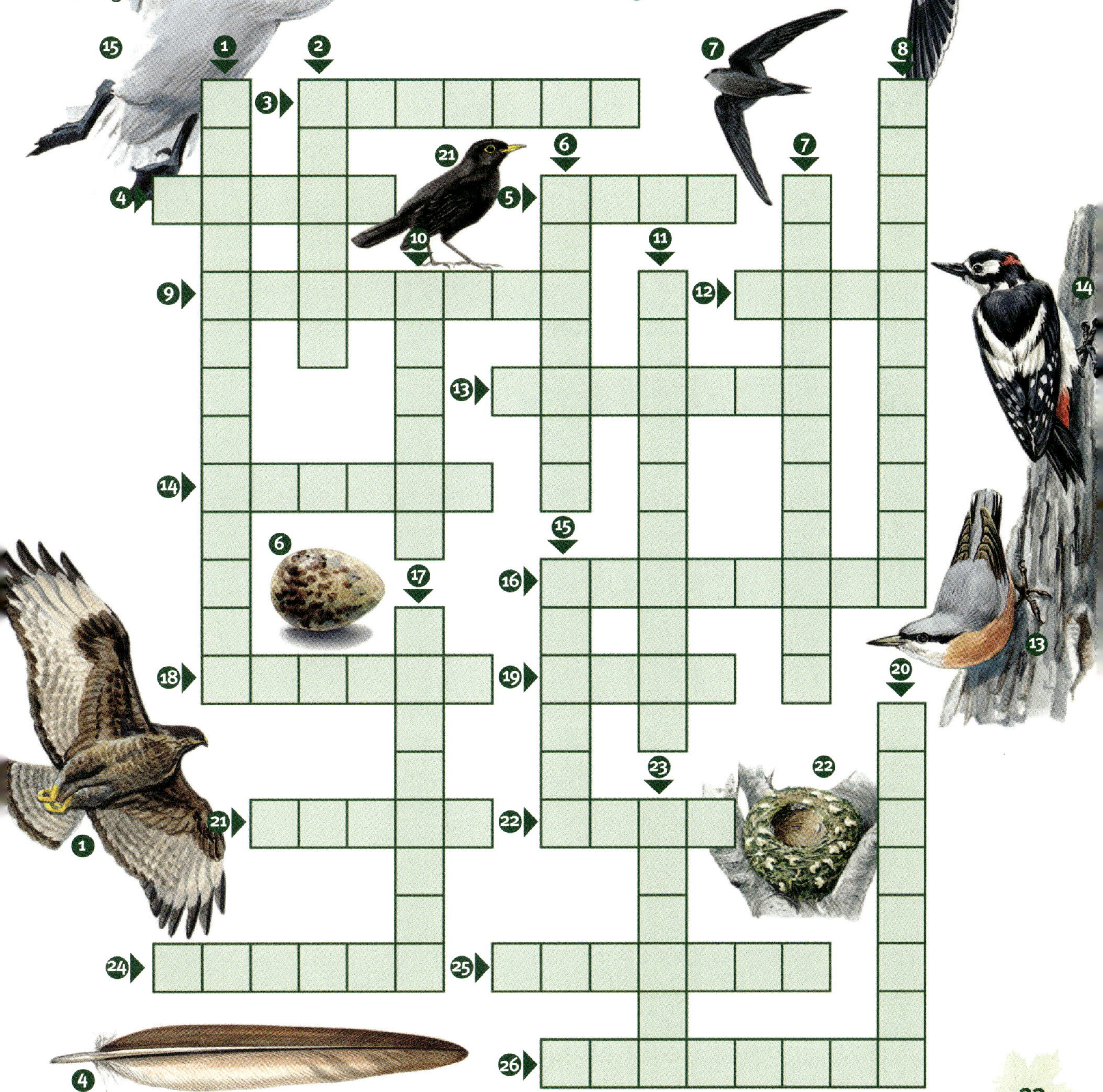

Wasservögel

Wasservögel pflegen ihr Gefieder besonders gründlich: Beim Putzen tragen sie eine dünne Schicht Fett auf jede einzelne Feder auf, die das Wasser abperlen lässt. Wie alle Vögel wechseln sie ihr Federkleid regelmäßig. Wildenten können in der Zeit der Mauser nicht fliegen und ziehen sich währenddessen auf Seen oder Teiche zurück.

Einige Wasservogelarten haben sich auf das Abweiden von Wasserpflanzen spezialisiert. Mit ihren langen, biegsamen Hälsen „gründeln" sie, das heißt, sie suchen am Grund nach Futter. Manche Vögel können mit ihren Schnäbeln Kleinstlebewesen aus dem Wasser seihen. Andere stelzen auf hohen Beinen am Ufer entlang, um mit langen Schnäbeln blitzschnell auf Beute wie Frösche oder Mäuse herabzuschnellen.

Rätsel

Tess hat wieder einmal alle Selbstlaute geklaut! Wenn du a, e, i, o und u an den richtigen Stellen einsetzt, erhältst du die Namen von zwölf Vogelarten, die an Seen, Bächen und Flüssen oder an Meeresküsten leben.

Graureiher

KBTZ
LCHMW
GRRHR
BLSSHHN
SVGL
FRSCHNPF
KSTNSSCHWLB
WSSSTRCH
BCHSTLZ
KRMRN
FSCHDLR
GRGNS

Eieiei …

Vögel bringen ihren Nachwuchs in Nestbauten auf die Welt. In Eiern mit einer festen, kalkhaltigen Schutzhülle entwickeln sich die Kleinen. Wie viele Küken sind in diesem Nest geschlüpft?

Greifvögel

Mäusebussard

Greifvögel segeln oft majestätisch in der Luft und beobachten dabei den Boden ganz genau. Mit ihren scharfen Augen können sie Bewegungen aus großen Entfernungen mühelos wahrnehmen. Wenn sie zum Beispiel ein Kaninchen oder eine Maus entdecken, legen sie ihre Flügel an und stoßen im Sturzflug blitzschnell auf das Beutetier herab. Ihre Krallen und der Schnabel dienen zum Packen und Zerlegen des Futters.

Nachts übernehmen Eulen, Käuze und Uhus die Stelle der tagaktiven Greifvögel. Ihre weichen Federn ermöglichen es ihnen, geräuschlos zu fliegen, und mit ihren scharfen Augen und einem feinen Gehör finden sie ihre Beute zielsicher in der Dunkelheit.

Steckbriefe

Kennst du diese Garten- und Waldbewohner? Die Zahl neben dem Bild verrät dir den gesuchten Buchstaben aus dem Namen des Vogels. Wenn du alle benannt hast und die Buchstaben in die richtige Reihenfolge bringst, erhältst du einen Greifvogel, der auch in Städten heimisch ist.

Sie ernährt sich von Insekten, die sie im Flug fängt. Im Winter sammeln sich die Tiere in großen Schwärmen und ziehen nach Südafrika.

Bis zu 25 Junge bekommen die Pärchen dieser bei uns häufigen Art. Das Weibchen brütet pro Jahr mehrmals, am liebsten in einer Baumhöhle.

Die Einzelgänger verteidigen ihr Revier heftig. In der Hoffnung, Würmer und Käfer zu fangen, kommen sie im Garten oft nahe heran.

In ihrem Gesang imitieren sie gern auch andere Vogelarten oder menschliche Geräusche. Sie leben zumeist in großen Schwärmen.

Sie gehört zu den Rabenvögeln und vergräbt manchmal Futter als Vorrat. Sie sammelt auch gern glitzernde Gegenstände und versteckt sie.

Beim Klettern und Trommeln auf Bäumen dienen seine Schwanzfedern als Stütze. Ein „Stoßdämpfer“ schützt vor Gehirnerschütterungen.

Wenn sie stehen bleibt, wippt sie stetig mit ihrem Schwanz und sieht dadurch stets geschäftig aus. Sie fängt Insekten, vor allem am Wasser.

Im Winter kuscheln sich manchmal Dutzende der winzigen, seltenen Vögel zusammen in ein Nest, um sich vor dem Erfrieren zu schützen.

Das Federkleid der Männchen ist sehr bunt, die Weibchen sind bräunlich gefärbt. Mit ihren Schnäbeln knacken sie auch harte Samenhüllen.

Rätsel

Ratten sind sehr anpassungsfähig. Die klugen Nagetiere leben überall am Rand menschlicher Behausungen. Wie viele Tiere entdeckst du rund um das Abflussrohr?

Tiere in der Stadt

Viele Tiere besitzen eine erstaunliche Anpassungsfähigkeit an ihre Umgebung. Da der Mensch immer weiter in ihre Lebensräume vordringt, Wälder rodet und Flüsse begradigt, suchen sich einige ihre neue Heimat in Dörfern oder Städten. Solche Tiere bezeichnet man auch als Kulturfolger. Vögel und kleine Tiere nutzen zum Beispiel Gärten und Parks als Versteck und zur Nahrungssuche, andere bewohnen den Grünstreifen am Straßenrand. Schwalben und Mauersegler bauen ihre Nester unterhalb der Hausdächer, während Störche Schornsteine oder Türme beziehen. Müllkippen dienen vielen Stadttieren als Nahrungsquelle. Abfall fressende Möwen bauen sogar ihre Nester aus Müll. Gleichzeitig birgt die Stadt und ihre Umgebung viele Gefahren für Tiere, sei es auf der Straße, wo jedes Jahr unzählige Kröten, Igel, Füchse und Rehe überfahren werden, oder in den Gärten, in denen von Menschen ausgestreute Gifte nicht nur dem vermeintlichen Unkraut und Ungeziefer, sondern auch vielen anderen Tieren schaden.

Suchsel

Findest du im Gitter senkrecht, waagerecht und diagonal 21 Kulturfolger?

G		A		E		K		E		L		M		U		S		O		C		U		E
I	E	S	G	F	U	C	H	S	S	W	F	M	V	B	L	A	U	M	E	I	S	E	F	B
G	B	T	G	R	I	L	L	E	S	I	V	G	A	K	X	G	H	D	H	T	A	U	B	E
E	M	A	L	M	A	U	E	R	S	E	G	L	E	R	J	M	U	M	A	S	M			
L	O	R	M	O	T	T	E	G	A	S	Z	E	B	O	D	O	F	L	S	D	O			
				E	M	E	T	R	H	E	T	E	N	E	M	E	U	L	E	M	E			
				H	A	K	L	E	E	L	S	Q	U	T	W	H	R	R	O	P	W			
				T	U	R	M	F	A	L	K	E	Z	E	E	I	K	E	R	E	E			
				H	S	F	L	E	D	E	R	M	A	U	S	S	T	O	R	C	H			

Leben im Verborgenen

In Häusern leben zahlreiche heimliche Mitbewohner wie Mäuse und Ratten. Fledermäuse und Schleiereulen ziehen sich auf Dachböden und Speicher zurück. Auch Wespen bauen hier gern ihr Nest. Daneben wimmelt es geradezu von Insekten: Mottenlarven nisten sich im Kleiderschrank ein, Klopfkäfer (die so genannten Holzwürmer,) im Holz von Balken und Möbeln und Teppichkäfer in den Wollteppichen. Andere Arten sind zusammen mit Kakerlaken, Silberfischchen und Dörrobstmotten vor allem in der Küche zu finden. Daneben leben Millionen mikroskopisch kleiner Hausstaubmilben mit uns zusammen.

○ Wahr oder ○ gemogelt?

Viele Tiere überwintern gern in Häusern oder Scheunen, da sie hier geschützte, warme Plätze finden. Auch Marienkäfer bilden manchmal große Gruppen und überwintern in Nischen auf dem Dachboden oder hinter lockeren Tapeten. Dann kann man besonders gut sehen, wie alt die Tiere sind und es an ihren Punkten auf den Flügeldecken abzählen.

Heimlich & Co

Wie viele heimliche Bewohner zählst du in diesem Bild? Und wo verbirgt sich Quentin?

Nachwuchs

Biologen geben den Mitgliedern von Tierfamilien oft eigene Namen. Ein weibliches Reh ist eine Ricke, ein männliches Tier nennt man Bock und ein Jungtier Kitz. Wie nennen Fachleute die Jungtiere und Entwicklungsstadien dieser Arten?

Frühling

Nach der kargen Zeit im Winter erwacht die Natur im Frühling wieder zu neuem Leben. Sobald es wärmer wird, beginnen neue Blumen und Gräser zu wachsen, Sträucher, Laub- und Nadelbäume blühen und bilden frische Triebe. In den Wäldern nutzen Frühblüher wie Buschwindröschen und Leberblümchen die Zeit, in der das Laub noch nicht so dicht ist und viel Licht den Boden erreicht. Plötzliche Schauer und Wolkenbrüche versorgen den Boden mit Wasser.

Zugvögel kommen aus ihren Winterquartieren zurück und beginnen bald darauf mit dem Nestbau. Insekten und Amphibien kriechen aus ihren Verstecken in Felsritzen, Erdbauen und Baumhöhlen hervor, sobald sie von den Sonnenstrahlen gewärmt werden. Die Winterschläfer fressen hungrig, um wieder zu Kräften zu kommen. In allen Lebensräumen werben Tiere um Partner und beginnen nach der Balzzeit und Paarung mit der Aufzucht ihrer Jungen. Besonders in Teichen wimmelt es zu dieser Jahreszeit vor Leben.

Natur-Rätsel

Auf den Seiten 28 bis 31 findest du Fotos von Pflanzen, die für die entsprechenden Jahreszeiten typisch sind. Kennst du ihre Namen? Wenn du die gesuchten Buchstaben aus ihren Namen aneinander fügst, erhältst du das Lösungswort. Eines der abgebildeten Lebewesen gehört nicht zu den Pflanzen, sondern bildet eine eigene Gruppe. Welches ist es?

Sommer

Im Sommer sind die meisten Säugetiere und Vögel mit der Aufzucht ihres Nachwuchses beschäftigt. Überall gibt es reichlich Nahrung. Felder und Wiesen stehen in voller Blüte und versorgen zahlreiche Insekten mit Pollen und Nektar. Davon ernähren sich kleine Insektenfresser wie Vögel und Mäuse und diese wiederum dienen größeren Raubtieren und Greifvögeln als Beute.

An warmen Sommerabenden kann man das geschäftige Treiben und Summen besonders gut hören. Grillen zirpen, Frösche, Kröten und Unken quaken, Glühwürmchen gehen auf Paarungsflug. Fledermäuse schwirren auf ihren Jagdflügen blitzschnell zwischen Gebäuden und Bäumen hindurch.

Spurensuche

Im Sommer kann man in Wäldern und Feldern viele Hinweise auf Wildtiere entdecken. Welche der Tiere haben diese Spuren hinterlassen?

Logik-Rätsel

Vier Störche fliegen um die Wette. Wer kommt am schnellsten an? In welcher Formation erreichen sie das Ziel? Werte die Hinweise aus: Schwarzflügel segelt vor Rotsocke ins Ziel. Rotsocke ist schneller als Weißfeder. Klapperschnabel kommt vor Schwarzflügel an.

Herbst

Im Herbst verfärben sich die Blätter der Bäume. Für Tiere gibt es ein riesiges Futterangebot an Beeren, Nüssen, Samen und Pilzen. Viele fressen sich im Herbst Fettpolster an, von denen sie dann während der kargen Zeit zehren. Eichelhäher, Dachse, Eichhörnchen und viele andere sammeln Vorräte für den Winter und polstern ihre Nester, Erdhöhlen und Baue mit Rinde, Grä sern und Laub warm aus. Aus den vergessenen Futterverstecken wachsen im nächsten Frühjahr neue Buchen, Eichen, Haselsträucher und viele weitere Pflanzen.

Einige Tiere ziehen im Herbst nach Süden, in wärmere Gebiete, da sie bei uns im Winter nicht ausreichend Futter finden würden.

○ Wahr oder ○ gemogelt?

Während der Aufnahmen für einen Kinofilm über Zugvögel entdeckte die Filmcrew eine Starenkolonie, die ein ganz ungewöhnliches Verhalten zeigte: Die Tiere ruhten sich auf Telegrafen und Stromleitungen aus, indem sie sich kopfüber hinunter hängen ließen. Bisher war dieses Verhalten nur von Flughunden und Fledermäusen bekannt.

Bei den Vögeln wandern vor allem die Insektenfresser. Vor dem langen Flug futtern sie sich Fettreserven an. Störche reisen paarweise oder in kleinen Gruppen, Stare sammeln sich im Herbst und fliegen in riesigen Schwärmen. Kuckucke bleiben auch bei ihrer Wanderung meist Einzelgänger.

Graugänse und Kraniche fliegen in Keilform. Dabei leistet das Tier an der Spitze die meiste Arbeit, die anderen können in seinem Sog mitfliegen und so Kraft sparen. Wie Vögel ihren Weg über so weite Strecken finden – manche Arten wandern bis nach Südafrika, ist bis heute noch nicht vollständig geklärt.

Natur-Rätsel, Teil 2

Winter

Wenn die Pflanzen absterben, der Boden gefriert und Bäume von dicken Schneehauben bedeckt sind, wird es für viele Tiere schwer, ausreichend Nahrung zu finden. Manche Insektenarten sterben im Herbst, nur ihre Eier und Larven überdauern im Boden bis zum nächsten Jahr. Viele Käfer- und Schmetterlingsarten, Schlangen und Amphibien verkriechen sich in Verstecke und fallen in eine Kältestarre.

Einige Tiere halten einen Winterschlaf, aus dem sie erst im Frühling wieder erwachen, wie Fledermäuse oder Siebenschläfer. Andere wie Eichhörnchen, Dachs und Haselmaus halten in warmen Bauen Winterruhe. Auch hier verlangsamen sich alle Körperfunktionen und der Energieumsatz wird stark verringert, doch diese Tiere wachen von Zeit zu Zeit auf und stärken sich an ihren vorher gesammelten Nahrungsvorräten.

Hermelin

Raubtiere finden auch im Winter Beute, allerdings sind weniger Pflanzenfresser unterwegs. Manche Tiere wie Hermelin oder Schneehuhn wechseln im Winter die Fellfarbe. Mit dem braunen Haarkleid können sie sich gut in den wärmeren Jahreszeiten tarnen, der weiße Pelz lässt sie im Schnee fast unsichtbar werden.

FUTTERPLATZ

Kleine Vögel müssen jeden Tag Futter finden, um die kalten Nächte zu überstehen. Mit Futterstellen kann man ihnen helfen. In dieses Bild hat unser Zeichner allerdings zehn Fehler gemogelt. Welche Tiere sieht man im Winter nicht? Und wo steckt Quentin?

Trage die gesuchten Buchstaben auf der Linie ein und du erhältst den Namen der seltenen, geschützten Wiesenblume rechts im Bild.

____

Lösungen

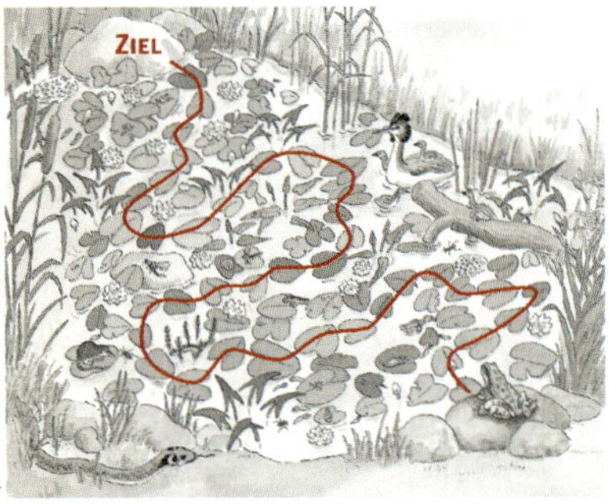

S. 2 Labyrinth

S. 3 Metamorphose: Kröte
Unter Wasser: Schleie, Bachforelle, Karpfen, Hecht, Karausche, Barsch, Zander, Rotfeder, Brachse, Rotauge, Sonnenbarsch, Regenbogenforelle, Neunauge, Gründling, Wels, Saibling, Stint, Spiegelkarpfen

S. 4 Silbenrätsel: Azurjungfer, Bergmolch, Biber, Bisamratte, Eintagsfliege, Eisvogel, Erdkröte, Feuersalamander, Fischotter, Flusskrebs, Gelbbauchunke, Gelbrandkäfer, Graureiher, Haubentaucher, Höckerschwan, Köcherfliege, Königslibelle, Laubfrosch, Ringelnatter, Rohrdommel, Rückenschwimmer, Schlammschnecke, Stockente, Teichmuschel, Teichrohrsänger, Waschbär, Wasseramsel, Wasserfloh, Wasserläufer, Wasserspinne. Seesterne gibt es nur im Meer.
Theos Quizfrage: Baumrinde

S. 5 Mosaik: Libelle
Pflanzen-Quiz: 1 b, 2 c, 3 a, 4 a, 5 b, 6 a, 7 c, 8 b, 9 a, 10 a, 11 c, 12 b

S. 6 Meeresballett: Die Koordinaten der Bildausschnitte sind: a) B3, b) B5, c) C1, d) B7, e) C4. Die Doppelgänger findest du in den Felder A1 und B6, A2 und C4, C2 und B7.
Buchstabensalat: Von oben nach unten: Makrele, Kegelrobbe, Wattwurm, Seehund, Lachmöwe, Seepocke, Seeigel, Rotalge, Herzmuschel, Napfschnecke, Strandkrabbe, Schweinswal

S. 7 Tümpel-Rätsel: Es sind 15 Napfschnecken.

S. 8 Suchsel

K	F	D	I	S	T	E	L	F	A	L	T	E	R	K	F	D	U	G	P	T
O	D	U	S	C	H	A	F	G	A	R	B	E	U	R	S	K	S	L	U	A
R	A	S	F	G	S	K	H	U	M	M	E	L	S	E	S	A	L	O	S	G
N	A	A	F	B	I	E	N	E	U	J	A	G	K	U	A	M	A	C	P	P
B	M	U	Z	U	M	K	F	T	O	K	U	R	T	Z	G	I	D	K	U	F
L	O	E	W	E	N	Z	A	H	N	E	G	I	E	S	H	L	M	E	K	A
U	R	R	B	G	K	A	W	R	Z	X	D	L	R	P	H	L	I	N	R	U
M	A	A	E	H	A	W	E	S	P	E	O	L	A	I	B	E	R	B	A	E
E	M	M	O	H	N	G	K	P	U	M	E	E	M	N	L	N	A	L	S	N
B	T	P	P	M	A	R	G	E	R	I	T	E	P	N	P	P	L	U	P	A
F	S	F	A	M	F	M	A	R	I	E	N	K	A	E	F	E	R	M	F	U
W	I	E	S	E	N	S	C	H	A	U	M	K	R	A	U	T	T	E	Z	G
R	B	R	S	S	C	H	W	A	L	B	E	N	S	C	H	W	A	N	Z	E
G	R	A	S	H	U	E	P	F	E	R	R	R	O	T	K	L	E	E	R	R

S. 8 Theos Quizfrage: Zehn Millionen Blüten

S. 9 Rätsel: Von oben nach unten: Knospe, Blüte, Samenkapsel, Samen, Stängel, Blatt, Wurzelwerk
Blütenstaub: Es sind 18 Pollenarten.

S. 10 Quentins Bilderrätsel: Das Skelett ist das eines Vogels. Quentin verbirgt sich rechts hinter dem schwarz-gelben Schneckenhaus.
Geheim! Von links nach rechts: Hirschkäfer, Maikäfer, Waldschabe, Kellerasseln, Rote Waldameise, Feldgrille, Florfliege, Streifenwanze

S. 11 Logik-Rätsel: Nach vier Tagen erklettert die Schnecke die 10 m hohe Baumkrone, allerdings rutscht sie in der vierten Nacht wieder herunter.
Labyrinth

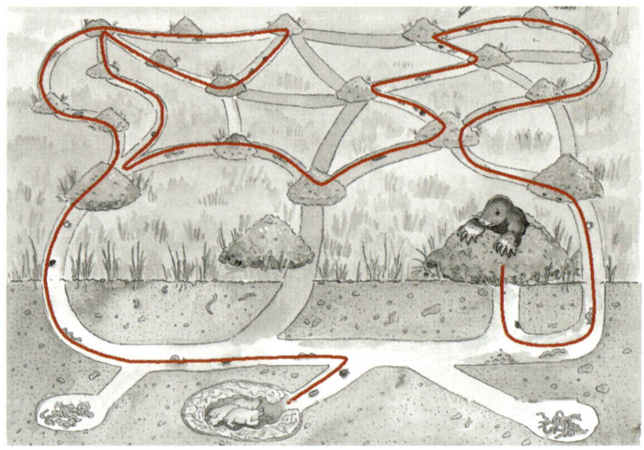

S. 12 Wahr oder gemogelt: Gemogelt. Igel können zwar schwimmen, aber nicht tauchen.
Wahr oder gemogelt: Wahr.
Kreuzworträtsel: Von oben: Ranke, Hummel, Knospe, Rosenapfel, Blatt, Blüte, Stachel, Raupe, Hagebutte, Käfer, Wiese. Lösungswort: Rosa canina.

S. 13 Ratekrimi: Die Fußspuren rund um die Blume verraten Frau Wollner.

S. 14 Doppelgänger: Die erste und die vierte Raupe von rechts sind identisch.
Blätterwald: Es sind sechs Lindenblätter, drei Ahornblätter, sieben Buchen- sowie fünf Eichenblätter.

S. 15 ABC-Gitter: Sporen
Buchstabensalat: 1. Winterlinde, 2. Holunder, 3. Vogelbeeren, 4. Pfaffenhütchen, 5. Eibe, 6. Hängebirke, 7. Fichte, 8. Kiefer, 9. Haselnuss. Die Vogelbeeren der Eberesche, Pfaffenhütchen und Eiben enthalten giftige Stoffe.